www.ingramcontent.com/pod-product-compliance
Lightning Source LLC
Chambersburg PA
CBHW082250220526
45469CB00009B/2951
* 9 7 8 1 7 2 6 3 4 4 9 6 8 *